我的动物萌友

［美］兰德尔·福特 著 / 杨雪 译

中国出版集团　现代出版社

兰德尔·福特
Randal Ford

著名人物肖像摄影师。
他的作品曾发表在极负盛名的出版物《时代》《得克萨斯月刊》
以及《交流的艺术》等杂志封面上。
此外，他的动物摄影作品曾于2017年在著名的国际摄影奖大奖赛（IPA）中
荣获美术类第一名和最佳展示奖。

致谢

五角设计公司、里佐利出版社的出版团队；
安贝格·波利蒂、D.J.斯托特、卡拉·德尔加多、贾里德·邓滕；
我的家人：妻子劳伦，孩子莱拉、埃利斯、埃弗里特，爷爷老克里德·福特，
我的父母。

推荐序：
让动物骄傲地站在镜头中央

我当肖像摄影师已经30多年了，我的看家本领就是捕捉人们面部表情和身体语言的细微之处。这项本领之所以重要，是因为模特的个性不会凭空彰显，一定要借助表情和姿态。我得先诱导他们，然后再通过角度的调整和时机的选择，捕捉最合适的画面。我们语言相通、交流顺畅，所以我才能传达我的意图、实现我的预期。

头一次看到福特先生的摄影作品时，我非常惊讶，因为语言是肖像摄影师最重要的工具，在他这里却完全用不上。然而从成片中，又分明能看出摄影师和动物之间的交流与合作。福特先生镜头下这些美丽的动物让我们得以一窥那被忽视已久的世界，让原本处于边缘的动物有机会骄傲地站到了镜头中央。

野生动物往往在栖息地才能被看到，然而在这些照片中，当它们解开日常生活和人们思维定式的束缚，走上摄影台，灯光亮起时，它们就进入了一个神圣的所在——一个真正展现自己的地方。摄影棚剥离了原始环境的语境，就像人类肖像摄影师为模特专设背景一样。这就是福特先生的摄影独具魅力的地方。

通过高超的技艺，福特先生摘掉了人对动物的有色眼镜，向我们传达了真诚动人的情感。普通人一般很难捕捉好动物的面部表情。拍人像时积攒的经验，未必适用于动物。所以，要辨认动物复杂的表情，并用适当的手法表现出来，其难度可想而知。迪士尼那种动画式的展现让我们中毒太深，几乎没法抛开固有的思维模式去重新看待和认识动物。而本书精美的图像超越了那些动画。我们能感受到真实的情感流动，甚至灵魂都能为之净化。借助这本书，福特先生送了我们一份神圣的礼物：他就像化为人身的神灵，呕心沥血，把林间鸟兽的勃勃生机展现在凡人面前。

在他所描绘的这个世界里，动物不仅仅是我们的邻居，更是与我们平等的生灵。所以我们注视动物的目光将不再有畏色，而是充满了欣喜与赞赏。

丹·温特斯

杰罗 | 黑狼

嘿,我是杰罗!我们狼拥有一些非常适合你们学习的品质:

1.我们狩猎时能耐心埋伏,追踪时又耐力出众,不怕困难,勇往直前。
2.我们很聪明,懂得巧妙运用各种方法,牢牢盯紧自己的目标。
3.我们群居生活在等级森严的家庭中,大家都要守纪律、讲团结。

Geronimo
BLACK WOLF

奔奔 | 灰熊

我叫奔奔,贪吃又爱玩,但是,我可不像你们人类的"熊孩子",我可懂规矩呢!比如到了冬天,我一定会按时冬眠,一觉睡到春天。你问为什么?因为我家在靠近北极地区的阿拉斯加,那里的冬天好冷啊,可以吃的东西也变少了,所以只能用睡觉的办法过冬啊!

Bam Bam

GRIZZLY BEAR

哥特 | 苏格兰高地牛

我叫哥特,一身金毛,来自欧洲的苏格兰地区。我很喜欢"哥特"这个名字,它听起来很高级、很艺术,不是吗?而且我的尖角也确实酷似哥特式建筑。这对尖角可是我保护自己的武器呢!不要摸它,会扎手;遇到问题也不要总想"钻牛角尖",否则思路会越来越窄!

Gertrude
HIGHLAND COW

贾巴里 | 幼狮

我叫贾巴里,是个聪明又淘气的男孩子。看,我的发型很帅气吧?男孩子也要从小开始注重自己的仪表。当然,对于我们狮子这种万兽之王来说,只讲究外表是远远不够的。我的榜样是《狮子王》中的辛巴。我要像他一样多多磨炼自己,成为真正的草原守护者!

Jabari
YOUNG LION

Penelope
AFRICAN CRANE

琥珀 │ 非洲戴冕鹤

我叫琥珀,是一只可以落在树上休息的鹤。你问我是怎么学会这个本领的?仔细观察我的脚趾吧!它们能前后对着握起来,牢牢抓住树枝。与我在中国被称为"仙鹤"的亲戚丹顶鹤比起来,嗯,我的嘴是短了一点儿,但是这又有什么让我不好意思的呢?走路时我依然昂首阔步、抬头挺胸,优雅得很!

Nora
NORTH AMERICAN PORCUPINE

诺拉 | 北美豪猪

我叫诺拉,是一个稍有风吹草动就会把自己缩成一团刺球的小可爱。我的刺是会扎人的,所以千万不要被我萌萌的外表所迷惑哦!请千万记住,不熟悉的动物哪怕再美丽,也不要在没搞清楚状况的情况下,贸然伸出你试探的小手!

巴迪 | 长颈鹿

我叫巴迪,我有一个双胞胎弟弟。要知道,长颈鹿很少会生下双胞胎,所以我珍惜我的弟弟,爱我的父母,更感谢为了我们兄弟能健康成长而细心关怀与照顾我们的医生、工作人员,以及众多的好心人。对了,你身边有双胞胎可以介绍给我认识吗?

Buddy
GIRAFFE

佩里 | 二趾树懒

我叫佩里,是一只顽皮的树懒,《疯狂动物城》这部电影里就有我的表演。我其实一点儿也不懒,只是动作慢而已,爬得甚至比乌龟还慢。我曾好奇世界倒过来看是什么样子,于是就去试了一下。真有趣啊!什么?你问我看到了什么?哈哈,我才不告诉你呢!很多事情只有靠你自己去探索,才能发现其中蕴含的奇妙趣味。

Perry
TWO-TOED SLOTH

贾格 | 大灰狼

我叫贾格，是一只大灰狼。在童话故事中，我总是扮演凶狠邪恶的反派角色，但请不要讨厌我，因为在现实世界中，我们狼都是很聪明的，懂得互相照顾，团结友爱。比如捕猎时，我们总是团队作战，各有各的任务，像驱赶啊、堵截啊、进攻啊……总之，我们团结，所以强大！

Jagger
GREY TIMBER WOLF

摩西 | 雅各羊

大家好,我叫摩西。年岁大了,总会有些经验之谈。我一向是个乐天派,从不庸人自扰,也不愁眉苦脸。比如我是一只羊,但我不怕狼!为什么呢?难道是因为我胆子特别大吗?不!因为我被主人保护得好好的,此生根本不会遇到狼,那我怕狼做什么呢?对吧。

Moses

JACOB SHEEP

韦斯顿 | 小马驹

我叫韦斯顿,是一匹刚刚出生28天的小马驹。和人类不同的是,我一出生就会走路。你们看,我走路的姿势很好看吧?

Weston

FOAL

卡特琳娜 | 鸵鸟

我叫卡特琳娜,是一只鸵鸟,对,就是世界上那种现存体形最大的鸟。我很重,翅膀又严重退化,所以不能飞翔。但幸运的是,我的双腿强健有力,即便在炎热的沙漠地带,我也能跑得飞快。看我修长的双腿、蓬松的羽毛"裙子",像不像优雅的芭蕾舞演员呢?

Catalina

OSTRICH

Wayne Crosby
BLACK BULL

克罗比 ｜ 黑公牛

我是克罗比,是牧场里最强有力的动物。我看似温驯,但内心足够狂野。事实上,我是一头公牛,绝不会因为安逸的生活而丧失斗志和本心。你认为我说的对吗?

伊娃 | 豹斑阿帕卢萨马

我叫伊娃,是人类的好朋友、好帮手。我们马可以听懂人类的语言,理解人类的情感!事实上,我们在伤心的时候也会流泪。值得一提的是,马术比赛是目前奥林匹克运动会中唯一有动物参与的比赛项目,由人类与马配合完成。

Eva

LEOPARD APPALOOSA HORSE

屋大维 | 巴巴多斯黑腹绵羊

我叫屋大维,请盯着我的脸。如果你足够善良和热爱动物,就能察觉到我正在对你微笑。

Octavius
BARBADOS BLACKBELLY SHEEP

露丝 ｜ 白色凤头鹦鹉

我叫露丝,我来带大家认识更多的白色。你可能意识不到,白色并不仅仅意味着一种颜色,还有乳白、月白、银白、水晶白、雪花白……看,白色的世界是不是很丰富多彩啊?考考你吧!请仔细看我身上不同角度、不同层次的羽毛,你能数出几种白色呢?

Ruth
WHITE COCKATOO

希卡 | 孟加拉虎

我是希卡，百兽之王。我们孟加拉虎主要居住在印度、孟加拉国等国，受到当地人照顾。希望大家不要只害怕我们，更要欣赏和爱护我们。看，我真的很漂亮，不是吗？

Schicka

BENGAL TIGER

奎师那 | 西马尼乌鸡

我叫奎师那，故乡在遥远的印度尼西亚。人们惊叹于我周身展现出的金属光泽，也称我为"金属鸡"，认为我很名贵。其实，我了解自己，所谓名贵，都是别人评估出的价值。我只不过是一只本本分分、昂首挺胸、振翅欲啼的公鸡。

Krishna
AYAM CEMANI ROOSTER

菲利 | 雄狮

我是菲利，正在与你对视。蓬松的鬃毛使我看起来威风凛凛。在很多西方国家，我们狮子作为力量与权力的象征，被刻在贵族徽章上，被雕塑成金字塔和法老的守护者，被奉为十二星座形象之一。

Felix

LION

图雷 | 雌狮

我是图雷,虽然也是狮子,但从不像有些家伙那样爱显摆、爱吓唬人。我们狮子大多是群居生活,由一头雄狮首领、几头雌狮和一些小狮子组成一个群体。我们雌狮没有长长的鬃毛,这对围猎很有好处,既方便隐蔽自己,又能在追捕时不碍手碍脚。所以看我的表情,嗯,对目前的生活还是很满足的。

Tuareg
LIONESS

Julian
RING-TAILED LEMUR

朱利安 | 环尾狐猴

我叫朱利安,作为一只环尾狐猴,我很自豪!你看我的尾巴就知道,我和普通的猴子不一样。实际上,我们环尾狐猴是天生的喜剧演员,自带明星范儿。请注视我机警的小圆眼,再顺着我弓起的背部曲线,使目光抵达尾根,然后一个环节一个环节地慢慢向上看,直至尾梢上的软毛,是不是发现自己莫名地开心了呢?所以说,我们是喜剧天才!

Fez
ZEBRA

菲斯 | 斑马

我叫菲斯,是身披"斑马线"的斑马。20世纪50年代初期,英国人设计出了一种条纹状的人行横道线,规定行人横穿街道时必须走人行横道。司机驾驶汽车路过时,会减速或停下,礼让行人。这些横线看上去就像斑马身上的白色斑纹,因此被人们称为斑马线。斑马线从那时起一直被沿用至今。

墨菲 ｜ 黑豹

我叫墨菲，是一个帅哥。"如果事情有变坏的可能，不管这种可能性有多小，它总会发生。"这是一个叫爱德华·墨菲的人总结的定律。虽然我也叫墨菲，但仍然搞不懂他在说什么。我只知道，要坚强，要勇于承担，不惧怕困难和挑战。

Murphy
BLACK LEOPARD

Black Betty
AMERICAN QUARTER HORSE

黑贝蒂 | 美国夸特马

我叫黑贝蒂,是一匹名副其实的黑马。很多人用"黑马"来比喻那些出人意料的获胜者和那些不惧强敌、一举反超的成功者。作为黑马本人,我不得不说句公道话:并非黑色使人成功,而是背后的努力与付出使黑马成为传奇。我期待着你足够努力,和我一样,成为黑马!

Maverick
LONGHORN

马华力 | 长角牛（背面）

我叫马华力。能够拥有这样一对优美的长角真是我的幸运。它不仅可以保护我，还能让我成为牛明星，并带给我上电视的机会！

Maverick
LONGHORN

马华力 | 长角牛(正面)

现在,请把注意力集中到我的脸上,我是不是很帅气?一个人的外在形象也是很重要的,因此大家出门之前最好能照照镜子,看看今天的穿着打扮是否得体。良好的仪表不仅能增强自信心,而且也是尊重他人的表现。

Quesa the Dilla
NINE-BANDED ARMADILLO

奎撒 | 九带犰狳（qiú yú）

我叫奎撒，也许是你此生见到的第一只犰狳。我像不像古时候军队中的将军——全身披挂着铠甲！因此也有人把我们称为"铠甲鼠"。

Luke
HORNED LIZARD

吕克 | 角蜥

我叫吕克,是爬行类动物中的最佳模特!因为我擅长长时间保持一个姿势一动不动,所以很多摄影师都非常喜欢与我合作。你能在多长时间内保持不动呢?来,约上你的朋友和我比试一下吧!

希娜 | 花豹

我叫希娜,是一只美丽的豹子。但请不要仅仅被我的皮毛吸引,多观赏一些细节吧,比如胡须。我们猫科动物大多是远视眼,看近处不太方便,而胡须的触觉可以帮助我们更安全地跑、跳、坐、卧。这么神奇的胡须,你是不是也希望自己能长出几根呢?

Sheena
SPOTTED LEOPARD

文森特 | 白头海雕

我叫文森特,喜欢大海和大马哈鱼。在美国,我象征着力量、勇气、自由和不朽,因此广受欢迎。我被美国国会确定为国鸟,还被印在美国国徽上。

Vincent

AFRICAN FISH EAGLE

Carnita
POT-BELLIED PIGLET

卡米塔 | 大肚猪崽

我叫卡米塔,是一头漂亮的小猪。由于我长得胖而且贪吃,人们总爱把我和"笨"联系在一起,其实我的聪明劲儿能在动物界排在前10名呢!

Merle
SQUIRREL

莫尔 | 松鼠

我叫莫尔,不是木耳!这可是我的招牌姿势。虽然我总是努力地吃东西,但个子永远这么小!在纽约的中央公园,像我这样的松鼠很常见,人们对我也非常友好!

Red Cloud
AMERICAN BUFFALO

红云 | 美洲野牛

我叫红云,和一位杰出的印第安部落首领同名。事实上,我们与印第安人一样都土生土长在美洲大陆上。当时,欧洲殖民者是我们共同的敌人。首领红云曾带领人们取得了反抗入侵的胜利。我希望我也能像他一样勇敢,为了大家的利益而奋斗。

Huckleberry
WHITE AMERICAN BUFFALO

哈克贝利 ｜ 白色美洲野牛

我叫哈克贝利，与经典名著《哈克贝利·费恩历险记》中的主人公同名。故事中的小男孩儿纯真善良，追求自由，热爱生活，带给人们快乐。在现实中，我希望能带给人们好运气——白色野牛极为罕见，因此能够亲眼见到的人会觉得被幸运之神眷顾！

米洛 | 马骡

我叫米洛,是一头聪明的骡子。大家都听说过"乌鸦喝水"的故事,聪明的乌鸦把石子投进瓶子使水面升高。其实我们骡子也有类似的故事,而且更加惊险。简单说吧,我的某位祖先掉进了深坑,想尽办法都上不来。他的主人无奈之下,打算埋葬他。可这位聪明的骡子竟然踩着埋他的土,一步步升高,最后平安脱险。这就是我们骡子运用智慧救下自己性命的故事。怎么样,我们了不起吧!

Milo

JOHN MULE

Sammy
BROWN GOAT

萨米 | 棕色山羊

我叫萨米,喜欢爬山和啃食灌木。你看我的耳朵是不是跟某些狗的耳朵有点儿像呢?很漂亮吧?其实我也觉得它们长得很漂亮,并足以成为我的标志性特征。请记住,我是好动的山羊,不要把我误认成绵羊啊!

Pete
MOUNTAIN LION CUB

皮特 | 美洲狮幼崽

我叫皮特，是真正的大猫！在美洲，我们是仅次于美洲虎的猛兽，但请不要害怕，我们有一颗温柔的心。从小在人类家庭中长大的美洲狮能看家护院，与猎狗和平相处。有人甚至称我们为"人类之友"。现在是不是觉得我更萌一些了呢？

西奥多拉 | 美国夸特马

我叫西奥多拉，是人类最忠实、有力的伙伴。很早之前，我们马就已经是人类的旅伴、助力和财富，并赢得了人们的赞誉。没错，人类会赞美我们的俊美、强健和通人性。如今，我们更多地出现在运动场上，比如在马术、马球等项目中继续与人类并肩作战、争取荣誉。

Theodore
AMERICAN QUARTER HORSE

优翰 | 猎豹

我叫优翰。看，我乖巧时的样子像不像一只猫？在陆地上，我们猎豹是短跑世界冠军。我的四肢修长而有力，身体轻巧而结实。我们总是发起突袭，全力奔跑，争取在1分钟内捕捉到猎物。

Yohan
CHEETAH

波普伊 | 雪鸮

我叫波普伊。我的眼睛长在脑袋的前方而不是两侧,这一点和人类相同。看到我一身白色的羽毛,你会联想到北极地区的雪域荒原吗?的确,我常住在那里,只有在冬天才会往南飞,迁徙到亚欧大陆或北美洲北部暂住。我的耳朵灵敏、目光锐利,飞行技巧高超,简直是具有艺术风范的精灵!

Poppy
SNOWY OWL

罗伯特 | 黑熊

我叫罗伯特,学名叫黑熊,俗称狗熊。人类通常称呼我们"笨熊",但我其实挺聪明的,并且强壮、能打,跑得快、游得远。啊,对了,我还会爬树呢!现在不觉得我这个大块头笨了吧?

Roberta

BLACK BEAR

Sergeant Pepper
WHITE ARABIAN HORSE

佩柏 | 阿拉伯马

我叫佩柏,是一匹典型的阿拉伯马。能够生就白色的皮毛,我很自豪。顺便提一句,阿拉伯人也喜欢白色,认为这是圣洁的颜色。你最喜欢什么颜色呢?

维姬 | 北极狐

我是维姬，雪域中的精灵！如果你也喜欢我的毛色，那么证明我们的审美是一致的。实际上，浑身雪白是我们在冬季冰原上生活的保护色。什么？你问为什么说是冬季？哈哈，当然是因为夏季我们会换上灰黑色的毛，来配合周围环境颜色的变化。所以，聪明的你能猜出这张照片最可能是在什么季节拍摄的吧？

Vicki
ARCTIC FOX

恺撒 | 西伯利亚虎

我叫恺撒,与罗马帝国奠基人恺撒大帝同名,这是不是很符合我的王者气派呢?如果你对西伯利亚虎不熟悉,那么我的另一种称呼你肯定听过——东北虎!很可惜,现在我们西伯利亚虎的数量已经很少了。你是否能为保护我们"丛林之王"做些什么呢?

Caesar

SIBERIAN TIGER

安德烈 | 黑熊幼崽

我叫安德烈,才……才6个月大。我太小了,也不懂什么,所以就不多说了。嗯,是不是该开饭了?会是我最爱吃的蜂蜜吗?

Andre

BLACK BEAR CUB

Goldie
HIGHLAND CALF

高迪 | 苏格兰高地牛牛犊

我叫高迪！别以为我的眼睛被毛发遮住了，就不知道你们在取笑我。我就是不喜欢理发和扎辫子，我就是这样的小姑娘。不要觉得我没长角就可以欺负我，我才不怕呢！看看下一页我的同胞，那对长角很锐利，对吧？

Beverly
HIGHLAND COW

比福利 ｜ 苏格兰高地牛

我叫比福利,是整个牛群的领导者。大家之所以都听我的,不仅仅是因为我有一对尖尖的牛角,更是因为我有足够的勇气挺身而出,保护和帮助那些需要被照顾的成员。

德克斯特 | 美洲狮

我叫德克斯特，爱吃鸡肉，爱咆哮。与你们分享一个关于我们美洲狮的秘密吧！我们有储藏的意识，可以把一时吃不完的食物藏在树上，留待将来慢慢吃。你也有储藏的习惯吗？

Dexter

MOUNTAIN LION

Alejandra
FLAMINGO

亚历山大 ｜ 火烈鸟

我叫亚历山大，拥有绚丽的羽毛。看这色彩、层次，像不像刚刚被点燃的一团火焰呢？你猜它们烫手吗？

Alejandra
FLAMINGO

亚历山大 | 火烈鸟（展翅）

根据我个人的经验，优雅的气质需要从内在修养和外在形象两个方面来培养。看我优美的姿态，像不像有很好艺术修养的舞蹈演员呢？再看我展开翅膀后的美丽羽毛，它们像晚霞一样灿烂，是不是觉得我很优雅呢？

丹妮尔 | 红毛猩猩

我是丹妮尔,试图与你交流。心理学家提出过一种说法,一条信息往往有7%靠语言表达,38%靠声调表现,55%靠动作表情传递。所以,从严格意义上来说,你应该能从照片上获得我想告诉你的信息中的一多半,比如我正在表达"我在和你开玩笑",你肯定能猜出前四个字。

Danielle
ORANGUTAN

Stefani Angelina
BLACK SWAN

安吉丽娜 | 黑天鹅

我叫安吉丽娜,是一只黑天鹅。很早以前,欧洲人认为天鹅一定是白色的,因为他们见过的天鹅都是白色的。直到1697年探险家在澳大利亚发现了黑天鹅,人们才意识到以前认为理所当然的结论其实是错误的。后来,人们把一些极其罕见、出乎意料的事称为"黑天鹅事件"。

Domino
BLACK HIGHLAND COW

多米诺 | 苏格兰高地牛

我叫多米诺。非常感谢摄影师能为我的双角找到如此合适的拍摄角度,使它们看起来优美而尖利。所以,即使再不完美的东西,只要有认真发现美的眼睛来仔细观察,就很可能被找出美好的一面,对吧?

阿玛里 | 黑猩猩

我是阿玛里。我们黑猩猩主要居住在赤道附近的森林里，通常一家人一起生活。对于我们来说，家人是最重要的。黑猩猩是已知仅次于人类的最聪慧的动物，所以我们总会开动脑筋想办法，使家人生活得更舒适、更幸福。

Amari

CHIMPANZEE

George
CAPUCHIN MONKEY

乔治 | 卷尾猴

我叫乔治,正如你所看到的那样,我是一只活泼可爱、调皮捣蛋的小猴子。这张照片真有趣,我看起来像是一位正在表演的歌唱家。当然,我唱歌确实很好听、很有感染力。这一点当时在场的工作人员都可以做证。

Pax
HOMING PIGEON

帕克斯 | 信鸽

我叫帕克斯,很高兴认识你。作为信鸽,我去过很多地方,也见识过很多人。我们曾背负信件、地图等记载有重要信息的物件穿越火线、跨越江河、飞越山峰,不远千里完成使命。人们对我们的敬业与忠诚赞誉有加,所以,请大家放心,想寄信可以找我!

圣地亚哥 | 西班牙斗牛用牛

我叫圣地亚哥,来自北非,要去西班牙参加盛会。像我这么强壮的专业斗士,一般只肯参加两种活动:一是奔牛节,二是西班牙斗牛。数百年来,人和牛就以这种惊险的方式炫耀各自的力量,获得"强大"这一至高无上的赞誉。

Santiago
TORO BRAVO

Maxine
DAIRY COW

麦克斯 | 奶牛

我叫麦克斯,为你奉上著名诗人徐志摩专门为我们奶牛创作的一首诗(本诗还入选语文教科书了呢):

"花牛在草地里坐,压扁了一穗剪秋罗。
花牛在草地里眠,白云霸占了半个天。
花牛在草地里走,小尾巴甩得滴溜溜。
花牛在草地里做梦,太阳偷渡了西山的青峰。"

Juliet
GREAT WHITE PELICAN

朱丽叶 | 白鹈鹕

我叫朱丽叶,是一只大水鸟。我是捕鱼高手,长而尖的大嘴是我最厉害的工具!我的眼睛虽然小小的,视力却好得很,绝对可以和老鹰一较高低。当我在空中飞翔时,能清楚地看到水中的鱼,并迅速出击饱餐一顿。

Oscuro
BLACK GOAT

黑曜 | 黑山羊

我叫黑曜。你知道吗,在古代中国,山羊曾被称为黑羊,我的毛色可以称得上名副其实了吧? 我们山羊是最早被人类驯化的家畜之一,已经陪在人们身边大约一万年了。看看我的面容,是不是有一种苍老的感觉呢?

Bianca
WHITE GOAT

月白 | 白山羊

我叫月白，是一只白色的山羊。和白色的绵羊们相比，我更活泼、更胆大。而且，看看我的一对角，显得我很精明强干，不是吗？

艾洛伊 | 非洲象

我叫艾洛伊。我们非洲象是世界上现存最大的陆地哺乳动物。对本书编辑如此排布我的照片,我深表认可。虽然这可能割裂开我的容貌,但这至少反映了我比本书中其他动物都大得多的事实。这一点对于我来说十分重要,因为在我们的世界里,个头体现了实力。

Eloise
AFRICAN ELEPHANT

老子 | 亚洲水牛

我叫老子,来自亚洲,但显然不是那位备受尊敬的古代先贤。对于他的哲学思想,我了解得不多。不过,他有一句话令我印象深刻,"祸兮,福之所倚;福兮,祸之所伏"。大意是说好事与坏事相互依存,相互转化。因此,我一直宽慰自己:忍受辛苦被摄影师拍摄了这么久,说不定很快就会有好事情发生了!

Lao Tzu
ASIAN WATER BUFFALO

Lewis
RACCOON BABY

路易 | 浣熊幼崽

我叫路易,是个淘气的孩子,经常因为在外面闯祸而被妈妈批评!
千万不要告诉我妈妈,我又偷吃了邻居家的坚果;
千万不要告诉我妈妈,我在院子的角落里挖了一个大洞……

Walter
GREAT HORNED OWL

沃尔特 | 大雕鸮

我叫沃尔特,是一只猫头鹰。我不仅长得有点儿像猫,而且也擅长在夜间活动和捕食。我飞行的时候就像猫走路一样悄无声息,只有保持安静,才能不惊动猎物。此外,你知道吗,在希腊神话中,智慧女神雅典娜的爱鸟就是一只猫头鹰!

Kurt
AFGHAN HOUND

库特 | 阿富汗猎犬

我是库特。见到我之前,你一定没想到世界上还有像我这样"长发飘飘"的狗吧?是不是艺术范儿十足啊?

Tina
LLAMA BABY

蒂娜 ｜ 羊驼幼崽

我叫蒂娜，是一只小羊驼。我们羊驼与骆驼的走路姿势很像，而且胃里也有水囊，能够几天不喝水；同时，我们脸窄、耳尖、眼睛大，尾巴还很短，又像绵羊。算起来，我们羊驼已经陪伴人类超过六千年了。我们的性情很温和，你应该可以从这张照片上感受到这一点了吧？

Isaac
BLUE PEACOCK

艾萨克 ｜ 蓝孔雀

我叫艾萨克,是动物园里的大明星、游客的宠儿。我体形大,善于奔跑,我虽然有翅膀,但不能长时间飞翔。我最受人欢迎的本领就是"孔雀开屏"!据说这可以为观众带来好运气!

Lucy
GRAY PEACOCK

露西 | 灰孔雀

我叫露西,是一只灰孔雀。孔雀是吉祥鸟,地位几乎与神鸟凤凰平起平坐。因为从未有人见过凤凰,但孔雀比较常见,又极为美丽,于是人们就把我们孔雀想象成神鸟,对我们格外关爱。

Helen
SPHINX CAT

海伦 ｜ 斯芬克斯猫

谁能看出我是一只猫？一只没有毛的猫是不是很奇特呢？因为没有毛，我夏天出门散步必须涂上防晒霜，冬天出门必须穿上棉袄！我离不开主人，否则一天都活不下去！小朋友们，你们是不是觉得我很娇气呢？其实我渴望着像其他猫一样翻墙上树，在阳光下嬉戏。但是我不能，不过我并没有因身体的缺陷而自暴自弃，因为我知道，每个生命都是独一无二的，都值得珍惜。

Bandit
SKUNK

班狄 | 臭鼬

你好！我是班狄，是一只"臭名昭著"的臭鼬！其实释放臭屁只是我们被攻击时的一种自保行为，同很多动物的做法相似，比如章鱼喷墨汁、蜜蜂蜇人等。我一向与人类和平共处，但偶尔会被一些不知天高地厚的狗挑战，我自然就要给他们一点颜色看看！所以，请一定不要轻易伤害我。

赞恩 | 猛雕

我叫赞恩,是一只猛雕。我们猛雕是非洲最大的雕。你们看我的照片,是不是很威严?像不像一位强壮的战士?所以人们又称我们为战雕或军雕。

Zane
MARTIAL EAGLE

阿米丽 | 粉红凤头鹦鹉

我叫阿米丽。看,我的粉红羽毛是不是特别漂亮啊?我不仅长得美,而且学习成绩也很好!主人教给我的各种技能,比如握手、敬礼、投篮、套圈、溜滑梯、骑单车、跳舞等,我都能很快学会。你们是不是也像我一样聪明和热爱学习呢?

Amelia
PINK COCKATOO

科瓦斯基 | 非洲企鹅

我叫科瓦斯基。请注意,我是一只来自非洲的企鹅!企鹅不仅分布在南极,还分布在世界很多地方,甚至很早之前曾居住在北极。对于我来说,非洲是我深爱着的故乡,因为我们非洲企鹅是唯一在非洲繁殖的企鹅。

Kowalski
AFRICAN PENGUIN

雪莉 | 奶牛

我叫雪莉,是一头黑白花奶牛。我吃的是草,挤出来的是奶。为了人类的健康,我们奶牛无私地奉献。但并非所有的奶牛都是黑白花的,因为全世界的奶牛有100多个品种;也不是所有奶牛都产奶,因为奶牛也分公母。要知道,只有生下小牛犊后还处于泌乳期的母奶牛才会产奶!

Shirley
DAIRY COW

摄影手记

Geronimo
BLACK WOLF

杰罗 ｜ 黑狼

我喜欢狗，常常与狗亲近，因此看到狼的照片时，总会很自然地把他们往狗的方向去想象。但亲眼见到杰罗时，我一下就认清了他不是狗，而是狼。狼比狗更擅长捕猎，更原始，也更敏锐。杰罗的身形极为流畅，步伐特别轻盈。他在摄影棚里欢快地四处嗅，很快就搞清了一切，只容我们抓拍了几分钟，就准备离开了。

Bam Bam
GRIZZLY BEAR

奔奔 ｜ 灰熊

人们在许多广告和电影里都能看到奔奔，他可是大明星。但作为一头熊，他还是会败给甜食，比如蜂蜜和点心。我在拍摄像熊这样的大型肉食动物时，都会和驯兽师一起工作。他们不仅能保护拍摄团队的安全，还能爱护和照顾动物。看得出，驯兽师与奔奔之间很亲密。我明显感受到了他们之间的相互信任和尊重。

Gertrude
HIGHLAND COW

哥特 ｜ 苏格兰高地牛

哥特棒极了！苏格兰高地牛因苏格兰高地而被命名，像牦牛一样，他们也有蓬松的红色长发，很漂亮。哥特却与众不同，她拥有一头金发。她歪歪头，好像要对我说点儿什么，刘海儿恰巧遮住了眼睛。这张照片一直被我挂在家里，说真的，我太喜欢这些美丽的苏格兰高地牛了。

Jabari
YOUNG LION

贾巴里 ｜ 幼狮

贾巴里就像一个刚睡醒的少年，头发乱糟糟的。实际上，小狮子开始长鬃毛了，正是这张照片的有趣之处。我猜贾巴里这个年纪相当于人类的十几岁吧，正是做事毛躁、神态青涩和毛发越来越长、越来越密，举止相貌逐渐变成熟的时期。像很多青少年一样，拍照的时候，贾巴里坐不住。他不像有些动物那样老实，而是仅仅有几次暂时坐下来，供我拍上几张还算像样的照片。为什么我不强硬一些呢？要知道，他的体形小到足够让我知道他是幼狮，却也大到足够令我感到恐惧。

Penelope
AFRICAN CRANE

琥珀 ｜ 非洲戴冕鹤

琥珀动起来像跳舞，优雅中透着威严，仿佛时刻准备迎接属于自己的一束舞台光。她的魅力完全征服了整个摄制组，而我本来就很喜欢拍摄鸟类，因此我们决定用定向光源打光的方法，尽力展现出非洲鹤灰色羽毛的质感和丰富色调。天啊，她简直像贵族！

Nora
NORTH AMERICAN PORCUPINE

诺拉 | 北美豪猪

诺拉走路慢吞吞的,这对于我试图拍出一张有趣的肖像来说是件好事。但她的个头也太小了,脑袋几乎挨到了地面,因此,我们不得不把她举到距地面1米多高的地方,使相机能够对准她的眼睛,为她拍了一张体现对称特点的肖像照。看看这身形、这纹理,以及这密集细刺包围下的小脸。

Buddy
GIRAFFE

巴迪 | 长颈鹿

长颈鹿极少会生下双胞胎,而巴迪和他的兄弟就是这样一对。因此,人们不得不人工喂养巴迪,以保证他获得足够的营养。巴迪在人们的关爱下长大,所以对人很亲近。正如你能想到的,巴迪越来越出名。他真的很可爱,我们在摄影棚里的合作也很愉快。顺便说一下,巴迪可爱的主人们在保护长颈鹿方面花费了不少心血。

Perry
TWO-TOED SLOTH

佩里 | 二趾树懒

谁能想到,拍摄树懒居然这么难!"佩里"是昵称,他正式的名字在西班牙语里是"懒惰"的意思。我拍摄的动物,大多是站着或坐着,唯独树懒与众不同。他们挂在树上,或者躺着,对,就是那种恨不得能陷进地里去的躺法。更糟糕的是,佩里名不副实,一点儿都不懒,不停地移动位置,仿佛在刻意为难我这个摄影师。还好,我抓住灵感,尽力拍好了这张佩里倒挂在树上的照片。

Jagger
GREY TIMBER WOLF

贾格 | 大灰狼

人们一眼就能看出来,贾格是狼群的首领。像影视明星在演播室里一样,他十分自然地在摄影棚里展示着自己,还抽空短暂地嗅了嗅我们所有人。几分钟后,他就认为自己已经摆了足够多的造型,打算收工离开了。

Moses
JACOB SHEEP

摩西 | 雅各羊

我恰好在摩西换毛之前拍摄了这张照片。他那黑白相间的厚羊毛大衣,又长又热。因此,摩西很享受摄影棚里空调吹出的凉风和特意为他准备的冷饮。雅各羊这一品种据说得名于《圣经·旧约》中的故事:犹太人雅各挑选出带有黑白斑点的羊作为自己的酬劳。没人知道摩西确切的年龄,但他既然与《圣经》中活到120岁的摩西同名,我想他也会长寿吧!

Weston
FOAL

韦斯顿 ｜ 小马驹

大概没什么能比一匹小马驹更可爱了吧！韦斯顿出生仅仅28天，跑起来憨态可掬，甚至连摄制组内的硬汉都被他打动了，忍不住发出"哇"的赞叹声。我们不想让小马驹离开妈妈太久，因此，拍摄得也很快。幸运的是，有这么可爱的小家伙当模特，想拍出坏照片都难。

Catalina
OSTRICH

卡特琳娜 ｜ 鸵鸟

卡特琳娜就像一些大猫一样令我紧张。但有时候你还必须等待合适的姿势出现，才能按下快门。很幸运，我抓拍到了她的这个姿态。我的拍摄时间实在有限，因为鸵鸟不仅跑起来飞快，而且她是只大鸟，有时会很危险。鸵鸟用粗壮的双腿保护自己，在以命相搏时甚至可以踢死狮子、豹。为了保护拍摄双方的安全，驯兽师在卡特琳娜周围设置了一个金属围栏，拍摄的时候才放我们进去。

Wayne Crosby
BLACK BULL

克罗比 ｜ 黑公牛

感谢克罗比能接受我们的拍摄。我最喜欢拍牛了。克罗比这张照片是我拍摄的黑色系列的第一张，它至今都很受人们欢迎。有些动物出镜时最好打理得干干净净、保持纯粹，而有些，比如克罗比，就适合展现出最自然的生活状态。拍摄前，克罗比在牧场上踢起了尘土、嚼了些干草、追逐了同伴。实际上，奶牛或母牛通常比较温驯，但克罗比这样的公牛却倔强暴躁。我们在谷仓出口处设置了一个移动摄影机，抓拍下了克罗比奔来时的画面。

Eva
LEOPARD APPALOOSA HORSE

伊娃 ｜ 豹斑阿帕卢萨马

一见到伊娃，我就决定必须拍她。伊娃身上经典的豹斑令我着迷。有了斑点就不完美吗？不，最伟大的完美恰恰都是从有瑕疵的美中诞生的。伊娃真美啊！她有力而又平静。如果我有机会养一匹马，豹斑阿帕卢萨马绝对是首选。

Octavius
BARBADOS BLACK-BELLY SHEEP

屋大维 ｜ 巴巴多斯黑腹绵羊

委婉点儿说，屋大维并不安静。与绵羊或山羊合作，一般都很愉快——除了他们吧嗒嘴的声音以外，尤其是在摄影棚里，这简直可以说是刺耳。我喜欢屋大维羊角的形状和他脸上、脖子上的黑色条纹，但整张照片最大的亮点，还是他那稍微有点儿扭曲的微笑。这笑容究竟在表达什么呢？对同一件事，每个人有每个人的看法，所以这还是由你自己的内心来决定吧！

Ruth
WHITE COCKATOO

露丝 | 白色凤头鹦鹉

与露丝的合作非常顺利。她是典型的社交型动物，拍照那天，一直叽里呱啦地与我们聊个不停。我抓住她竖起羽毛的瞬间，拍下了这张照片。我之前总想尝试在白色背景上拍摄白色物体，因为这对于摄影师来说具有挑战性，照片上的图案很容易丢失细节。但挑战中会有机遇。如果曝光合适，正如这张照片，白色元素展示了美丽的形状和纹理。

Schicka
BENGAL TIGER

希卡 | 孟加拉虎

希卡是我在摄影棚里拍摄的第一只大猫。拍摄时的那种体验很独特，你既可以感受到力量，又会觉得优雅。所有人必须认真对待大猫，否则一个错误的举动会迅速使情况变糟。我记得很清楚，希卡的驯兽师取下她的皮带，让她走到指定的地方时，她的步伐是那么优雅，美得让人震惊。但我当时其实是任她摆布的，那种可能在下一秒就会成为猎物的感觉让我不寒而栗。在拍摄的间隙，驯兽师会奖励给希卡新鲜的生肉。我只与懂得尊重和照顾动物的驯兽师合作，而希卡的驯兽师不仅尊重和照顾她，还给予了她满满的爱。看得出，他们互相信任和欣赏。

Krishna
AYAM CEMANI ROOSTER

奎师那 | 西马尼乌鸡

照片中西马尼乌鸡的颜色是真实的，并非通过修图造假出来的。他们从头到脚，甚至连肉都是黑色的，简直令人难以置信。他们被准许引入美国才两年时间，所以饲养者并不多。后来，我好不容易找到了一个培育外来品种的小型养鸡场，跑去为奎师那拍了照片。照片中，他拔高身姿，竖起羽毛。这张照片获了许多奖，并被收录进2016年的《交流的艺术·摄影年刊》。

Felix
LION

菲利 | 雄狮

和一只去掉了皮带的狮子一起待在摄影棚里，这种感觉很不可思议。菲利身躯庞大、气场庄严，不由得令你心生敬畏。这种刺激的感受让你总觉得时光飞逝，但有些时刻却度日如年。菲利是位明星，在很多广告和电影中都出现过，所以在镜头前他是个老手。拍摄动物时，我总是选择与动物保护主义者或者我认识的著名驯兽师合作，以最大限度地尊重和爱护动物。菲利与他的驯兽师感情很好，他们相互喜爱。

Tuareg
LIONESS

图雷 | 雌狮

凶猛的女士！她是一头坚强而外向的雌狮，在拍摄过程中时不时与我们低吼着"交流"。当然，她也是位称职的演员，懂得根据命令发出吼叫声。因为配合得很好，图雷获得了我们摄影棚终极美食的奖赏——鸡腿肉。

Julian
RING-TAILED LEMUR

朱利安 | 环尾狐猴

环尾狐猴善于交际,叫声也很大。朱利安像个话痨,跟摄制组的每个人都想聊上几句。他没有什么态度,但还总想按自己的方式来表现和行事。有时候我不得不顺着他来,想尽办法让他觉得自己真的是整个拍摄现场的主导者。这只是麻烦之一,但总的来说,还好。他四处游荡,我正好能捕捉到一些不同的侧面。这张照片给人的感觉就很到位,表现出了他富于幽默感的个性和魅力。

Fez
ZEBRA

菲斯 | 斑马

我是在一次较大的商业拍摄活动中见到菲斯的。他当时正站在校车前拍摄广告,是主角之一。我被他身上标志性的条纹迷住了,以至不得不要求单独再给他拍几张照片。菲斯很温和,也很冷静。我想要拍出一张非常简洁的肖像照,来展示他的条纹及其质感。

Murphy
BLACK LEOPARD

墨菲 | 黑豹

黑豹遗传了导致豹子黑化的基因。拍摄时,墨菲总是低声咆哮。虽然我与他的驯兽师很熟悉,知道这是墨菲的正常工作状态,但这种状态还是令我在整个过程中都十分警惕。当然,黑豹与驯兽师互相尊重,拍摄过程很顺利。

Black Betty
AMERICAN QUARTER HORSE

黑贝蒂 | 美国夸特马

黑贝蒂几乎赢遍了夸特马所能赢得的所有奖项。在摄影棚里,她也不会令人失望。就像其他明星一样,黑贝蒂的拍摄过程短暂而甜蜜,10分钟左右搞定。她在镜头前拍摄的时间甚至还没有造型师为她编辫子的时间长。我拍过许多关于马的作品,但黑贝蒂系列也许是最令我骄傲的。以爱马人士的眼光来看,黑贝蒂的耳朵前倾、眼神温柔、姿态合适,称得上完美。

Maverick
LONGHORN

马华力 | 长角牛

马华力有一对粗壮的牛角,而且十分弯曲。这两只角对称得如此完美,以至我在构图时,也尽量展现它们的形状。在他的家乡,你常年都可以看见马华力在牧场里散步,很是悠闲。

Quesa the Dilla
NINE-BANDED ARMADILLO

奎撒 | 九带犰狳

犰狳奎撒，还有比它更适合的名字来命名得克萨斯州的犰狳吗？奎撒刚进摄影棚的时候，身上脏兮兮的，因为犰狳是住在地下的。但是我想给奎撒来张干净的特写，所以给她洗了个温水澡，她随即就变得漂亮而有光泽了。我是通过专业的犰狳养殖团队认识奎撒的。他们每年都组织犰狳赛跑。据说，美国南部所有犰狳的品种，都是九带犰狳。

吕克 | 角蜥

把角亮出来吧，吕克！我是在动物园见到吕克的。他真的很小，最多有8厘米长，所以很考验我的摄影技术。好在他像演员一样专业，在恰当的时候抬起头，炫耀一下他的角，然后再转身换个方向。

Luke
HORNED LIZARD

希娜 | 花豹

在拍摄大型猫科动物方面，我有幸积累了一些经验。我拍过狮子、老虎、黑豹和两只花豹。就我个人而言，花豹无疑是其中最令人惊艳的。那斑点、图案、花纹，以及豹子本身体现出的力量和优雅，都能带给人不可抗拒的美感。我希望能通过摄影展现出这些美。这幅肖像中的希娜显然很女性化，美丽而冷静。不幸的是，就在拍完这张照片的两个月后，希娜死于一种罕见的疾病。我们会想念她的。

Sheena
SPOTTED LEOPARD

文森特 | 白头海雕

文森特一站到摄影台上，所有人就明白了为什么在很多旗帜、徽章上会出现猛禽形象了。他稍稍低下头，造型平衡，令人敬畏。他知道自己吸引着摄影棚中每个人的关注，于是平静而优雅地"主导"着拍摄过程。

Vincent
AFRICAN FISH EAGLE

卡米塔 | 大肚猪崽

卡米塔是一头完美的小猪崽。我是说不管怎么拍，都拍不出难看的照片。灰色条纹，黑色斑块，以及可爱的小脸蛋，这一切都太完美了！拍照的时候，卡米塔的肚子还不怎么大，但是现在，估计她已经圆滚滚的了。

Carnita
POT-BELLIED PIGLET

Merle
SQUIRREL

莫尔 ｜ 松鼠

莫尔是小小的一只松鼠，在摄影棚里他比我预想的要轻松很多。他尖着鼻子把摄影台搜索了一遍，然后立马跟我熟了起来。具体表现是，这家伙开始要求吃东西。松鼠一般吃坚果，而莫尔更是要吃去壳的原味开心果。我们一直投喂，他就吃个不停。如果说松鼠有什么经典造型，请相信我，那一定是照片中这个样子。

Red Cloud
AMERICAN BUFFALO

红云 ｜ 美洲野牛

神奇的野牛！如果你认为奶牛很大，那么试试和野牛待在一间屋里吧！在摄影棚里，我们所有人都震惊于红云竟然如此庞大。给他起名红云，是为了向伟大的美洲原住民领袖红云致敬，这头巨兽自然也具有一种令人难以忘怀的气度，温和却又令人肃然起敬。2016年，美洲野牛被美国列为其第一种"国家哺乳动物"。

Huckleberry
WHITE AMERICAN BUFFALO

哈克贝利 ｜ 白色美洲野牛

哈克贝利虽然身材高大，却毫无疑问是个可爱的家伙。哈克贝利的体形和风度都足以令人惊叹和惭愧。此外，他还是一头白牛。这种白色野牛极为稀少，大概一千万头里才会有一头。要特别注意，正是因为他们很稀少，所以在很多美洲土著的传统中，白色野牛是重要的精神象征。现在，他们则被看作和平与和谐的象征。

Milo
JOHN MULE

米洛 ｜ 马骡

名字叫米洛的大都很聪明，图中这位也不例外。马骡是公驴和母马杂交所生的品种。他们兼有马的强壮和驴的聪明以及……耳朵。马骡性情温驯、吃苦耐劳，为人类服务已经有上千年了。一般在拍摄马的时候，我喜欢马耳稍微向前倾的画面，但在拍米洛时，我觉得似乎应该有些小改变。他的两只耳朵错开，和脑袋、脖子正好组成一个X形。我想，这也显示了他的智慧：他能在听你说话的同时，光明正大地偷听身后的动静。

Sammy
BROWN GOAT

萨米 ｜ 棕色山羊

萨米仿佛跳着舞步进入摄影棚，并为拍摄做好了准备。他想吃零食，更想人人都摸摸他的耳朵后面。进入摄影棚看到萨米后，我很快就想到，应该把肖像拍得幽默、有趣些。在四周转了几分钟以后，他恰好把头探向镜头，使我捕捉到了这张可爱的脸。这张脸能使我发笑，我希望它也同样能使你发笑。

Pete
MOUNTAIN LION CUB

皮特 ｜ 美洲狮幼崽

皮特才3个月大就已经能跑得飞快了。小家伙爱跑、爱玩,就是不爱安安稳稳地坐着。我们用他喜欢的一些猫玩具,总算哄住了他,但也仅能容我们拍几张照片而已。这张是我最喜欢的:你能在他身上看到猫的影子,可是大爪子却暴露了他大猫的真实身份。

Theodore
AMERICAN QUARTER HORSE

西奥多拉 ｜ 美国夸特马

西奥多拉简直是体现大自然设计之美的优秀标本。他的肌肉在短毛下若隐若现,展示出具有原始意味的力量感。灯光下,西奥多拉的皮毛发出金属般的光泽,美得超凡脱俗。的确,他是匹好马。

Yohan
CHEETAH

优翰 ｜ 猎豹

优翰能跑得比汽车更快。我小时候练习过短跑,所以一向喜爱像猎豹这样跑得飞快的动物,因此,能够亲眼见到优翰,真是棒极了!在拍摄现场,他气宇不凡又沉着冷静,直到开始对一个大型猫玩具感兴趣,并乐此不疲地追逐玩耍,才开始表现出了性格中顽皮的一面。优翰住在加利福尼亚州一个很不错的大型猫科动物保护区里,拥有一片大约300平方米的开放空间供他展示自己飞一般的速度。

Poppy
SNOWY OWL

波普伊 ｜ 雪鸮

波普伊眼中金黄色的虹膜是整张照片的亮点之一。鸮,也就是猫头鹰,是我拍摄的动物中最具表现力的一种。他们的眼睛仿佛可以讲故事。我希望拍出波普伊3种状态的照片:紧张激烈、幽默和沉思。波普伊一直很配合,是个非常优秀的模特。她现在和主人一起在世界各地宣传关于猫头鹰等猛禽的知识。

Roberta
BLACK BEAR

罗伯特 ｜ 黑熊

罗伯特像个小孩子,美滋滋地让我们拍照,然后再心安理得地向我们要糖吃。很多熊喜欢吃各种垃圾食品,但罗伯特最爱吃纯蜂蜜。她善良的驯兽师从来不会拒绝这种要求。有时候,动物会在我面前表现出不易察觉的个性或瞬间表情。我很高兴能够捕捉到罗伯特调转视线的一瞬间。也许她是想看蜂蜜,也许她是看向我的助手。

Sergeant Pepper
WHITE ARABIAN HORSE

佩柏 | 阿拉伯马

想拍好马匹，学习和积累经验很重要。要创作出完美的马匹肖像，必须事先了解很多微妙之处，而且这些微妙之处又因为马的品种不同而不同。阿拉伯马名气很大，也很容易辨认。佩柏的这幅肖像照就体现了阿拉伯马的许多特征：脑袋像楔子，前额宽，脖子直，鬃毛柔顺，眼睛大且眼神专注。佩柏强壮、聪慧，尽显高贵。

Vicki
ARCTIC FOX

维姬 | 北极狐

北极狐机警过人。根据我的经验，拍摄狐狸和家猫是最难的，因为他们太过敏感，甚至有点儿神经质。所以，要想拍出更好的照片，就要付出大量的耐心和零食（杏仁、水果）。此外，还需要几分运气，你才能捕捉到她一个完美的姿势，来体现这种动物难以捉摸的特性。

Caesar
SIBERIAN TIGER

恺撒 | 西伯利亚虎

恺撒是只身形庞大的西伯利亚虎，但在摄制组面前，他表现得十分平静。他卧在摄影棚里，胸部、腹部贴着地面，头抬起。这个形象简直像一只小家猫放大了20倍。他的神情极为放松且与众不同。仔细看，你会觉得他的眼神里流露出一种强烈的感觉，仿佛在寻找远处的什么东西，并等待着那个东西越来越近。

Andre
BLACK BEAR CUB

安德烈 | 黑熊幼崽

安德烈已经准备好出场了！他才6个月大，个头却已经不小了。他摇摇晃晃地走来走去，与现场的工作人员交着朋友。他最喜欢的电视节目是什么呢？应该是关于大自然的栏目吧！

Goldie
HIGHLAND CALF

高迪 | 苏格兰高地牛牛犊

一头金灿灿的小牛犊……在本书收录的众多牛的照片里，高迪是唯一的牛犊。你瞧，她的毛发多么柔顺，金黄的颜色多么漂亮。因为她的眼睛被毛发遮住，看不见周围，所以她只能选择听我们的话。

Beverly
HIGHLAND COW

比福利 | 苏格兰高地牛

比福利是一头典型的苏格兰高地牛。红发、长毛、尖角。她也深知自己漂亮，有点儿耍大牌，得不停地喂饼干哄着，即便如此，她也不愿在镜头前多待。牛群里的其他牛都听比福利的，仿佛她有什么过人的见识，但真相似乎是比福利只是爱出风头，想引人关注。可想想我们自己，平时不也爱显摆自己吗？

Dexter
MOUNTAIN LION

德克斯特 | 美洲狮

德克斯特，我永远都不会忘记你。拍摄大型猫科动物与拍摄其他动物不同。他们兼具力量与优雅，让人心生敬畏、不敢怠慢，更不敢轻举妄动。德克斯特，1岁，美洲狮（也叫山狮、美洲金猫）。他在拍摄过程中一直低声咆哮。驯兽师拿棍子喂他生鸡肉，他抬起爪子一把扯下肉来，大掌一挥，肉掉到了我脚边。他从拍摄台上跳下来，到我脚边抓肉。恐惧一下子灌注我全身。我深吸好大一口气，稳住神，告诉自己无论如何也不能动。驯兽师轻轻走到德克斯特身边，多拿了些鸡肉，才把他哄回拍摄台。

Alejandra
FLAMINGO

亚历山大 | 火烈鸟

亚历山大值得我们脱帽致敬。大自然母亲从未在造物时失败过，特别是这个来自南美洲的美丽动物。看看她的颜色和身形吧：羽毛是淡粉色的，翅膀下又有明亮的珊瑚红，两种颜色交相辉映，漂亮极了；脖颈弯成的完美S形曲线更是迷倒了所有人。

Danielle
ORANGUTAN

丹妮尔 | 红毛猩猩

你在想什么呢，丹妮尔？我致力于在动物肖像中拍摄出类似人类的表达和情感，其中表现最明显的是灵长类动物。你用不着花太长时间就能在他们身上找到我们人类的影子。丹妮尔将手搭在脑袋上，眼睛直视相机，她在想什么呢？好吧，这取决于你是如何认为的。

Stefani Angelina
BLACK SWAN

安吉丽娜 | 黑天鹅

黑天鹅事件，指那些觉得似乎可预测但其实远在意料之外，而且影响巨大的事件。据说，从一些黑天鹅事件中，你能看清很多东西，从思想和传统的胜利，到历史事件的发生、演变，再到那些影响我们个人生活的因素。那么，你的生活中是否出现过"黑天鹅事件"呢？

Domino
BLACK HIGHLAND COW

多米诺 | 苏格兰高地牛

多米诺啊,你长有一对显示着自然天性的牛角。多米诺的角不对称,从正面看上去非常古怪,所以我打算从侧面拍摄,力求表现出角的曲线。出乎意料的是,在这张3/4侧面的照片上,牛角的线条居然这么好看。那是个晴天,我们在蒙大拿州一座美丽的牧场里拍摄多米诺。我当时就赞叹,多米诺在牧场里过着苏格兰高地牛值得拥有的惬意生活。

Amari
CHIMPANZEE

阿玛里 | 黑猩猩

跟其他黑猩猩相比,阿玛里在片场更平静、更放松。我给他摆了一个特别拟人化的造型,我想效果应该会很有趣。他很配合,乖乖照做。拍摄这张照片的灵感,源于奥古斯特·罗丹著名的雕塑《思想者》。在整个拍摄过程中,阿玛里跑来跑去、手舞足蹈,甚至跳进我怀里寻求拥抱。真是只有趣的黑猩猩!

George
CAPUCHIN MONKEY

乔治 | 卷尾猴

啊,小家伙嗓门可真大!这小猴子只有大约60厘米高,因此一开始我并不害怕,直到拍摄的时候他开始冲着我们尖叫。那一刻,玻璃都要被震碎了。这只可爱的小猴子把我吓得直接跳开了半米多远。谢天谢地,我们最终完成了拍摄。看这张有趣的照片,他好像正深吸一口气,准备大声尖叫呢!

Pax
HOMING PIGEON

帕克斯 | 信鸽

帕克斯看起来像一只普通的白鸽,就是那种一般用在庆典活动中象征和平的鸽子,但实际上他是一只信鸽。我们是在法国的一座小农场拍摄帕克斯的。拍好他可不容易呢!我们往地上撒鸟食,吸引他下来,可不等我们拍上一两张,他就飞走了。我想要一张构图简单、画面干净的照片,所以一直在有限的拍摄时间内朝这个方向努力。

Santiago
TORO BRAVO

圣地亚哥 | 西班牙斗牛用牛

有谁胆敢轻视西班牙斗牛场上的公牛呢?他们力气大、速度快,牛角虽短,却异常锋利。好在圣地亚哥对我们还算友好。我希望这张照片既能展现专业斗士的力量,又能表现对他的尊敬和钦佩。圣地亚哥,是条汉子!

麦克斯 | 奶牛

麦克斯沉着冷静,并且精力充沛。我拍摄动物肖像最早就是从拍奶牛开始的,至今都很喜欢这个题材。麦克斯在很多广告和电影中都露过面,称得上明星牛了。她在摄影棚里表现得很好,我也拍到了想要的那种干净的正面照。以下是关于明星牛的爆料:麦克斯如厕的时间很长,同时便量很大。一个工作人员得拿着大桶在旁边候着,随时准备去接她的……嗯,排泄物。

朱丽叶 | 白鹈鹕

很多拍摄对象个头都很高,朱丽叶也不例外,她足有1.2米。她太美了,美得动人心魄。与其他很多鸟不同,朱丽叶身上的羽毛短小细密,看上去就像是一件光滑的灰白色外套。灰白色的动物站在灰白色背景前面,我喜欢这样的搭配。在拍摄过程中,朱丽叶享用了有大沙丁鱼和各种小鱼的工作餐。吃鱼的时候,她嘴巴下部的喉囊会被撑大到不可思议的程度。

黑曜 | 黑山羊

黑曜原指一种黑色的宝石。羊如其名,他通体黑色,连角都是黑的,十分威严。他的名字在西班牙语里的意思是"黑暗的",与本书里另一只叫作月白的山羊形成了完美对比。

月白 | 白山羊

月白,像月亮一样洁白。她身上美丽的斑纹让我想到了月亮。其中白色的高光处和黯淡的阴影像极了月球上山岭和沟壑的视觉效果。柔和的光线使她周身散发出光芒与活力。两只大耳朵动来动去,就像是被风吹动一样,那样子让我着迷。

艾洛伊 | 非洲象

艾洛伊不仅仅以她庞大的身躯,更以她宁静的性情征服了整个摄制组。她迈出的每一步都那么缓慢、那么恰到好处。虽然体形庞大,但是哪怕脚下有一丁点儿异物,她都会感觉得到,然后调整自己的步子来避开。我拍摄过很多动物,可是很少有机会能摸一摸。一方面是出于安全考虑;另一方面也担心动物会觉得不舒服。但是在拍摄艾洛伊时,我终于可以(驯兽师允许我)抚摸她的肢体,感受她皮肤的质地和纹理。我闭上眼,感觉并陪伴她呼吸,心中忽然觉得十分感动。真是一次奇妙的体验啊!

Lao Tzu
ASIAN WATER BUFFALO

老子 ｜ 亚洲水牛

老子原本是对中国古代一位圣贤的尊称。牛角与光影的奇特互动，正如老子那古老而灵动的智慧一样。要知道，光的角度不同，牛角就会呈现出不同的阴影，我希望能用照片记录下这一特点。

Lewis
RACCOON BABY

路易 ｜ 浣熊幼崽

就像所有的小动物一样，路易特别淘气，到处乱窜，还跑得挺快，摄像机啊、布光器材啊、工作人员啊，都阻挡不住他的脚步。好不容易把他抱到拍摄台上，他也待不住，不过我好歹照了30多张照片，这就是其中一张。这张照片充分展示了路易鬼精灵的气质，就好像他在对我说："别向我妈妈告状，好不好？"

Walter
GREAT HORNED OWL

沃尔特 ｜ 大雕鸮

沃尔特是只聪明的猫头鹰。他的翅膀上有伤，因此暂住在一家猛禽中心养伤。毫无疑问，猫头鹰是我拍摄过的动物中最具表现力的。脑袋始终在转，眼睛一刻不闲，他们对周围的环境永远保持警惕。猫头鹰是细心的观察者，我非常欣赏这一点。成片都很不错。经过仔细考量，我最终决定挑选这张作为最爱。

Kurt
AFGHAN HOUND

库特 ｜ 阿富汗猎犬

库特算得上是摄影棚里的专业模特。他柔亮的头发从中间分开，真的很像人类的发型。他像个长发的艺术家，但不像很多艺术家那样喜欢把头发弄得乱蓬蓬的，好像很焦虑的样子。库特的头发被打理得干净又柔顺。

Tina
LLAMA BABY

蒂娜 ｜ 羊驼幼崽

蒂娜像个洋娃娃。她喜欢安安静静地站在人身边，让人家挠她耳朵或者喂她点儿好吃的。拍摄的时候，她大概4个月大，还是个宝宝。我喜欢这张简洁的照片，展现了她的体形、样貌，特别是那双大眼睛。

Isaac
BLUE PEACOCK

艾萨克 ｜ 蓝孔雀

艾萨克是动物园的常住居民。他的日常工作就是在这个乡村自然保护区接待游客、逗小孩子玩。我们带着相机出现在他面前时，他很乐意安排出几分钟时间给我们。当光打到他美丽的羽毛上时，我知道一张完美的照片就要诞生了。他彩色的羽毛泛着金属般的光泽。太美了！我再一次为大自然和神奇的动物王国发出由衷的赞叹。

Lucy
GRAY PEACOCK

露西 ｜ 灰孔雀

露西和她的好朋友艾萨克一起，住在动物园里。她很受游客的欢迎，尤其是小朋友，总能从他们那儿得到一些食物。她灰灰的毛色是由一种特殊的基因决定的，这种情况在孔雀当中十分罕见。

Helen
SPHINX CAT

海伦 ｜ 斯芬克斯猫

海伦的造型真好看！我拍摄的大多是野生动物，像海伦这样的宠物猫还真是很少见。因为没有毛的缘故，海伦的身体展露无遗，每走一步，她都能展现出优雅的体态。在这张照片里，海伦摆了一个回望尾巴尖的有趣造型！

Bandit
SKUNK

班狄 ｜ 臭鼬

我在最开始创作动物肖像系列时就想过：要是能拍一张臭鼬的肖像照该多好啊！就像我的许多创作那样，所面临的挑战之一，就是找出被驯服到足以能待在摄影棚中完成拍摄的动物模特。我花费了几个月的时间联系很多朋友和动物主人，终于找到了一个有臭鼬的人。他救下了一只臭鼬幼崽并照顾得很好。很多人都问我："臭鼬有没有放屁攻击你啊？"我说："谢天谢地他喜欢我。"

Zane
MARTIAL EAGLE

赞恩 ｜ 猛雕

猛雕可能是当今世界上最致命的猛禽了，他们就是所谓的顶级掠食者。猛雕翅膀很大，展开之后有2米多长；视力更是人类的4倍，距离5000米的猎物都逃不出他们的视线。因为体形巨大、视力又好，所以猛雕有能力捕食鹿、羚羊等比较大的哺乳动物。幸运的是，赞恩决定不把我们当作猎物，并和蔼可亲地摆了几个姿势，让我们拍了几分钟。

阿米丽 ｜ 粉红凤头鹦鹉

高飞吧，阿米丽！这种漂亮的粉红色凤头鹦鹉原产于澳大利亚。她的羽毛光彩夺目、令人惊叹。在拍摄过程中，她的凤冠上下摆动，很是好看，吸引了片场所有人的目光。阿米丽还有一个有趣的爱好——照镜子。也难怪她看不够自己，毕竟她太美了。

Amelia
PINK COCKATOO

科瓦斯基 ｜ 非洲企鹅

谁不喜欢电影《马达加斯加》中的企鹅科瓦斯基呢？非洲企鹅又叫黑脚企鹅或公驴企鹅（因为他们叫声很大，声音像驴叫）。科瓦斯基是我们摄影棚里最会表演的企鹅。他左摇右晃地走路，狼吞虎咽地吃鱼，滔滔不绝地"讲话"，偶尔还会像其他鸟一样使羽毛蓬松起来。都知道企鹅爱吃鱼，可你绝对想不到他们闻起来也像鱼。那句老话"你吃什么就会成为什么"用在他们身上似乎还真挺合适。

Kowalski
AFRICAN PENGUIN

雪莉 ｜ 奶牛

拍摄一系列的奶牛照片，就是我动物肖像摄影的开端。受知名设计师的委托，我需要在明艳的鲜花背景前给奶牛拍摄一组照片。于是在11月的一天，我们冒着严寒和冬雨，前往一个小奶牛场，布设了灯光和背景。那一天，我们将奶牛们鲜活的个性完美地呈现并记录下来。也是在那一天，我发现了将人物肖像摄影方法用到拍摄动物上的巨大潜力。从那之后，我就在世界范围内拍摄奶牛和其他动物，而这些照片激励着我不断探索动物肖像摄影艺术之美。

Shirley
DAIRY COW

后记：
动物讲的故事你能懂

四万多年前，人类壁画中就已经出现了动物的形象。千百年来，人类对动物的艺术描绘从未停止，由此可见，人类与动物王国之间存在紧密的联系。

随着社会的不断发展，人类的艺术水平也在不断提高。我们从原先单纯地描绘动物到逐渐赋予动物以人性，在动物身上看到人的情感。这种拟人的视角，使人与动物的联系更加动人、更加深刻。

本书是我对动物王国的观察和描绘。我是人物肖像摄影师，希望借助拍摄人物肖像的方法来表现和传达动物的声音。当然，他们毕竟是动物。我们喜欢动物、爱护动物，但是不能控制动物。因此，向镜头讲述什么样的故事，得由动物自己决定。往往一天工作下来，只有受到摄影之神眷顾时，我们才有机会一窥某个动物的内心。每位读者因为所思所想的不同，听到的心声也会各不一样。为了突出动物本身的形象，每一只在摄影棚拍摄的动物，都用中性色的画布做背景。通过这种解构式的肖像摄影，读者能以一种前所未有的视角来感受这些动物。

肖像创作永远包括艺术家和模特两者，肖像摄影也不例外。摄影语言是极简的，而其中所传达出来的情感却是强烈的。我希望通过这些照片，让动物讲出自己的故事，关于美的也好，关于力量的也好，甚至可能是滑稽可爱的。希望镜头外的你同样能够有所触动。

兰德尔·福特

版权登记号：01-2020-7071

图书在版编目（CIP）数据

我的动物萌友 / (美) 兰德尔·福特著；杨雪译. —— 北京：现代出版社, 2021.2（2023.4重印）
ISBN 978-7-5143-8858-9

Ⅰ.①我… Ⅱ.①兰…②杨… Ⅲ.①动物–儿童读物 Ⅳ.①Q95-49

中国版本图书馆CIP数据核字(2020)第183990号

Originally published in English under the title THE ANIMAL KINGDOM: A COLLECTION OF PORTRAITS in 2018 by Rizzoli International Publications, New York. Chinese translation published by agreement with Rizzoli International Publications, New York.
© 2018 Randal Ford
Foreword by Dan Winters
Associate Publisher: James Muschett
Design: DJ Stout and Carla Delgado, Pentagram Design
All rights reserved.

我的动物萌友

著　　者	［美］兰德尔·福特
译　　者	杨　雪
责任编辑	裴　郁
出版发行	现代出版社
地　　址	北京市安定门外安华里504号
邮政编码	100011
电　　话	(010) 64267325
传　　真	(010) 64245264
网　　址	www.1980xd.com
电子邮箱	xiandai@vip.sina.com
印　　刷	唐山富达印务有限公司
开　　本	889mm×1194mm　1/16
印　　张	9
字　　数	108千字
版　　次	2021年2月第1版　2023年4月第2次印刷
书　　号	ISBN 978-7-5143-8858-9
定　　价	68.00元

版权所有，翻印必究；未经许可，不得转载